恐龙

[法]戴尔芬·格林波◎著
杨晓梅◎译
[法]卡洛琳·宇宁◎绘

吉林科学技术出版社

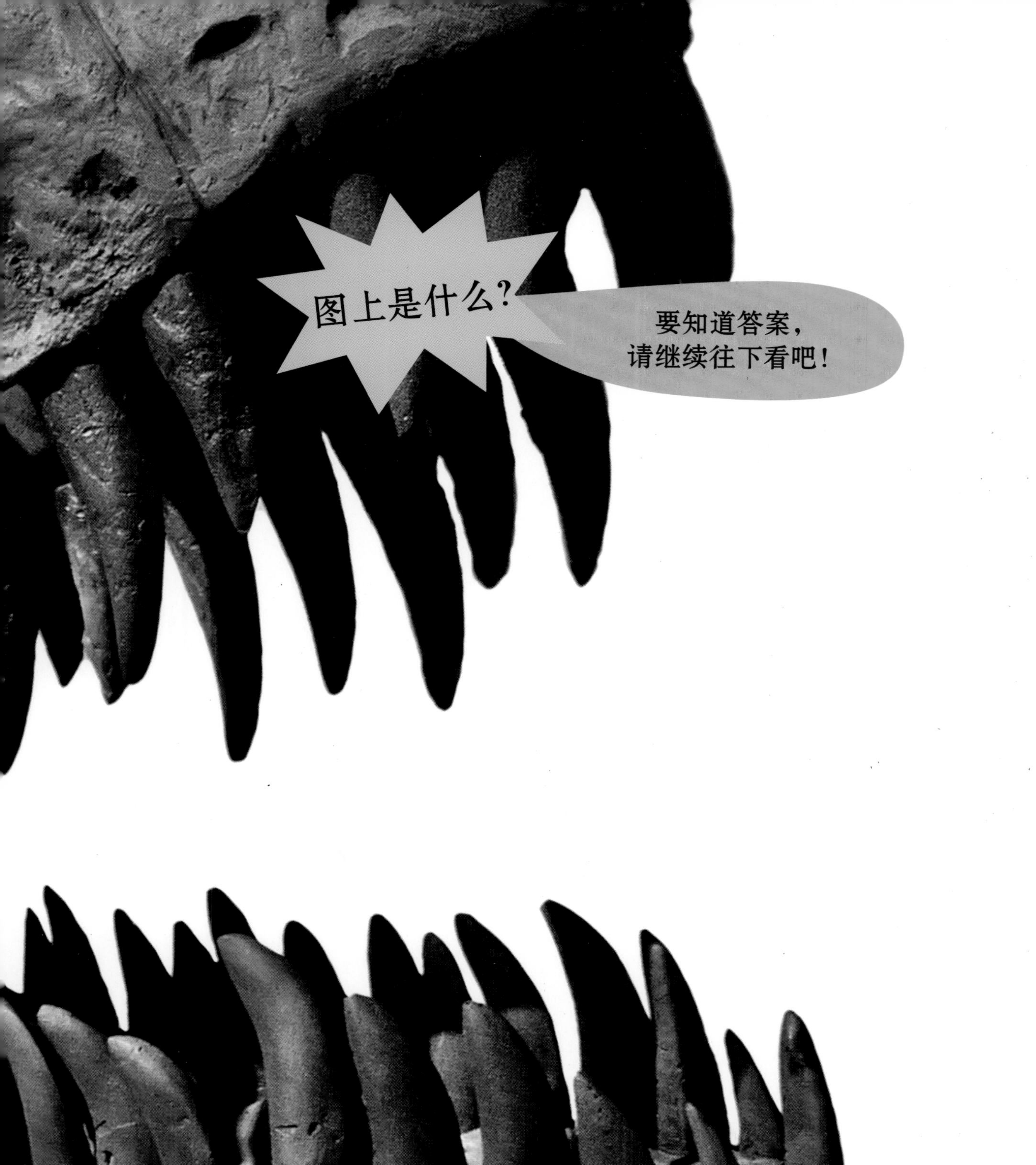
图上是什么？
要知道答案，
请继续往下看吧！

图书在版编目（C I P）数据

恐龙 /（法）戴尔芬·格林波著 ; 杨晓梅译. -- 长春 : 吉林科学技术出版社, 2018.9
（不可思议的动物）
ISBN 978-7-5578-3609-2

Ⅰ. ①恐… Ⅱ. ①戴… ②杨… Ⅲ. ①恐龙－儿童动物 Ⅳ. ① Q915.864-49

中国版本图书馆 CIP 数据核字（2018）第 056916 号

Original edition: LES TYRANNOSAURES
图 07-2015-4529

恐龙

Konglong

著　　[法] 戴尔芬·格林波
译　　杨晓梅
出版人　　李　梁
责任编辑　　潘竞翔　杨超然
封面设计　　长春市一行平面设计有限公司
制　　版　　长春市一行平面设计有限公司
开　　本　　889 mm×1194 mm　1/20
字　　数　　30千字
印　　张　　1.6
印　　数　　1—8000册
版　　次　　2018年9月第1版
印　　次　　2018年9月第1次印刷

出　　版　　吉林科学技术出版社有限责任公司
发　　行　　吉林科学技术出版社有限责任公司
地　　址　　长春市人民大街4646号
邮　　编　　130021
发行部电话/传真　　0431-85635176　85651759　85635177
85651628　85652585
储运部电话　　0431-86059116
编辑部电话　　0431-86037576
网　　址　　www.jlstp.net
印　　刷　　吉广控股有限公司

书　　号　　ISBN 978-7-5578-3609-2
定　　价　　25.00元

恐龙

一本等待你来探索的趣味动物小百科……

你了解霸王龙吗？

①霸王龙是从蛋里出生的。

真或假？

②霸王龙喜欢吃原始人。

真或假？

③霸王龙用四条腿奔跑。

真或假？

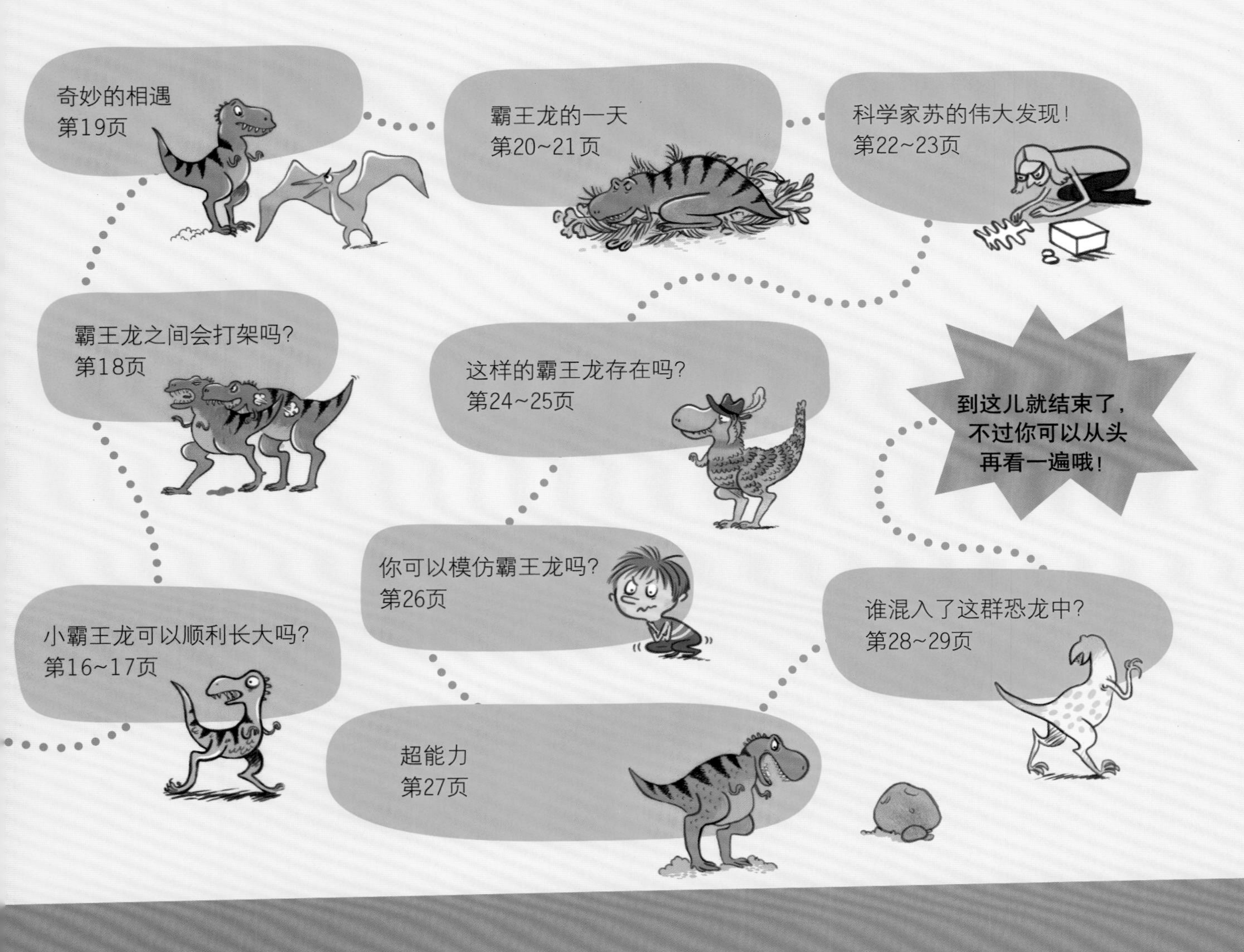

④霸王龙身上有跳蚤。

真或假？

⑤霸王龙对气味很敏感。

真或假？

答案：①真②假③假④真⑤真

答对0～3题

读完这本书，你会知道所有问题的答案。

答对4～5题

祝贺你！你比许多大人还要更了解霸王龙。

假如你是一头霸王龙……

你会是恐龙里的大块头，是从古至今最可怕的动物之一。

尾巴帮助你保持平衡。

如果没有又长又重的尾巴，巨大的脑袋会令霸王龙向前倒。

霸王龙的脚掌上长着6个脚趾。钩子般的脚趾在抓捕猎物时非常实用。

你没法驱赶身上的跳蚤。
霸王龙的上肢太短，无法赶走吸血的跳蚤。

你有60颗臭气熏天的牙齿。
霸王龙从来不刷牙！假如一颗牙碎了，会重新长出一颗。

霸王龙现在还活着吗?
没有！最后一头霸王龙死于6500万年前。那时还没有照相机，人类也还没诞生！

小霸王龙是从蛋里出生的。
6个月时，小霸王龙已经有4米长了。
28岁时，它已经是一头很老很老的霸王龙了。

始祖鸟有羽毛、翅膀和牙齿。它用爪子爬树，然后再起飞。

体形：和野鸟差不多

年代：侏罗纪晚期

梁龙喜欢吃软嫩的树叶。为了吃得更方便，它们有时会把树推倒。

体形：约30米长（相当于2辆公共汽车首尾相接那么长）

年代：侏罗纪晚期

剑龙虽然行动缓慢、笨拙，但当它摆动带刺的尾巴时，即便是异特龙这种巨型食肉动物也不敢轻易发起攻击。

体形：约9米长

年代：侏罗纪晚期

受到攻击时，三角龙会用头上的3根角来防御。它的嘴巴很像鹦鹉，喜欢吃植物。

体形：约12米长

年代：白垩纪晚期

三角龙宝宝的噩梦

始祖鸟

1 好香啊！这头三角龙宝宝正在吃树叶。它的嘴巴几乎一刻都没歇着。它希望能早点变得和爸爸妈妈一样高大。警报！一头霸王龙正在朝这边走来！

2 行动！成年三角龙们立刻把幼龙围在中间，用身体筑起了一道防御屏障。

3 可是霸王龙还是闻到了幼龙的气息。饥肠辘辘的霸王龙冲破了屏障。噩梦发生了！它咬住了三角龙宝宝的尾巴。

4 准备攻击！成年三角龙们朝霸王龙冲了过去。霸王龙的肚子被成年三角龙的角刺伤了。

5 霸王龙逃走了，三角龙宝宝的尾巴断掉了，但它活了下来！

那么你呢？

你还知道其他为了保护幼崽而战斗的动物吗？

这头三角龙宝宝很幸运。它的尾巴后来痊愈了。

我们怎么知道的？其实这场战斗发生的时候，地球上还没有人类。经过几百万年后，人们发现了这头三角龙的化石，上面有霸王龙的咬痕，所以我们才知道了它幼年时期的可怕经历。

霸王龙吃什么？

肉！很多很多肉！

霸王龙抓到猎物后，会用爪子将它固定，再撕扯下大块的肉和骨头。

猜猜这些恐龙在做什么

这头霸王龙
正在吃水果？

不！它正在躲避甲龙的尾巴。甲龙尾部的骨球非常坚硬，可以敲碎霸王龙的牙齿。

这头霸王龙正在
被阿拉摩龙攻击吗？

不！所有恐龙都在向远方逃跑，它们要躲避火山爆发喷出的岩浆。

这群小恐龙
杀死了一头三角龙吗？

不！这群小恐龙偷走了霸王龙捕杀的猎物。

比骨头还要好呢！是一块恐龙粪便化石。科学家正在用刷子小心翼翼地清理。这块化石可以让他知道恐龙吃过什么。

观察水边的这群恐龙
你注意到这里发生了什么吗?
在这张图上，你是否看到了……
一头霸王龙抢走了五头伶盗龙的猎物。
两头埃德蒙顿龙宝宝破壳而出。
一头翼龙的粪便落在了霸王龙头上，吓了霸王龙一跳。
一头霸王龙发现了躲起来的埃德蒙顿龙。
两座火山正在喷出岩浆和烟尘。

两头雄性三角龙正在为了争夺配偶而打架。
五头小霸王龙正在围攻一头巨大的埃德蒙顿龙。
四头阿拉摩龙正在吃一棵树。
一头霸王龙不小心被绊倒了。
一头甲龙正在对抗一头霸王龙。
除此以外，你还看到了什么？

小霸王龙可以顺利长大吗？

1 一头恐龙发现了树叶下面藏着6枚蛋。它吃了1枚、2枚、3枚，还剩3枚！但它已经吃不下了，只好遗憾地走开了。

2 快看！蛋开始摇晃了！3个小脑袋冒了出来！它们嘴里长满了牙齿——破壳而出的正是霸王龙宝宝。

3 霸王龙宝宝们很快就可以独立生活了。一天晚上，一场风暴引起了森林大火，它们的窝也被烧成了灰烬。它们努力地跑，终于躲过了这场大火。

4 三兄弟联合攻击一头年迈的埃德蒙顿龙，然而哥哥却被埃德蒙顿龙踩死了。

5 突然，一头巨大的霸王龙冲了过来。只有一头小霸王龙成了最后的幸存者。

6 6年过去，小霸王龙终于长成了大霸王龙。现在，所有动物都怕它。这世上除了火山和陨石，一切都无法让这头霸王龙害怕了。

那么你呢?

想象一下，假如你也得像小霸王龙那样独自生活……

霸王龙出生时很小。它们必须战胜许多危险，学习捕猎技巧，才能生存下来。

霸王龙之间会打架吗？

会的

科学家们在有些霸王龙的骨骼上发现了其他霸王龙留下的牙齿，因此推断它们之间会互相撕咬，甚至会吃掉其他霸王龙的幼崽。

奇妙的相遇

猜猜看到底会发生什么

假如无齿翼龙遇到了霸王龙，它会发起攻击吗？

不会，它会飞走。虽然无齿翼龙的翅膀展开有9米，但霸王龙比它更凶猛。

假如霸王龙遇到了阿拉摩龙，它会逃跑吗？

不会，但它会非常小心。安静的阿拉摩龙受到威胁时会用尾巴抽打敌人。

假如蚊子遇到了霸王龙，它会吸血吗？

会，绝对会！虽然霸王龙有60颗锋利的牙齿和尖锐的爪子，但它拿蚊子一点儿办法也没有。

假如鳄鱼看到了一头小霸王龙，它会害怕吗？

不会。如果小霸王龙弯下身在河边喝水，鳄鱼会试着攻击它。

霸王龙的一天

霸王龙每天都在做什么？跟着它的脚步一起去看看吧！

一摊血。
两头霸王龙互相撕咬，
其中一头受了重伤。
深深的脚印。
霸王龙陷在了河边的淤
泥里，还好它最后成功
逃离。
一个窝。
雌性霸王龙下了一窝蛋。它用树
叶把蛋盖住，保护它们不被其他
动物吃掉。
夜晚来临
睡着了。
霸王龙睡着后，其他小型哺
乳动物才会悄悄从洞里跑出
来觅食。

科学家苏的伟大发现！

1 苏是一位古生物学家。一次，她参加考古活动时，在悬崖边偶然发现一块巨大的骨头。

2 咦！这里有些奇怪！一块大骨头从石头中冒了出来。难道是恐龙化石？没错！苏无意间碰到了一个大发现。

3 把大型化石从地下取出来是一项十分艰巨的任务！骨头本身很脆弱，必须打上石膏才能运输。有些化石特别沉，只能用起重机来搬运。

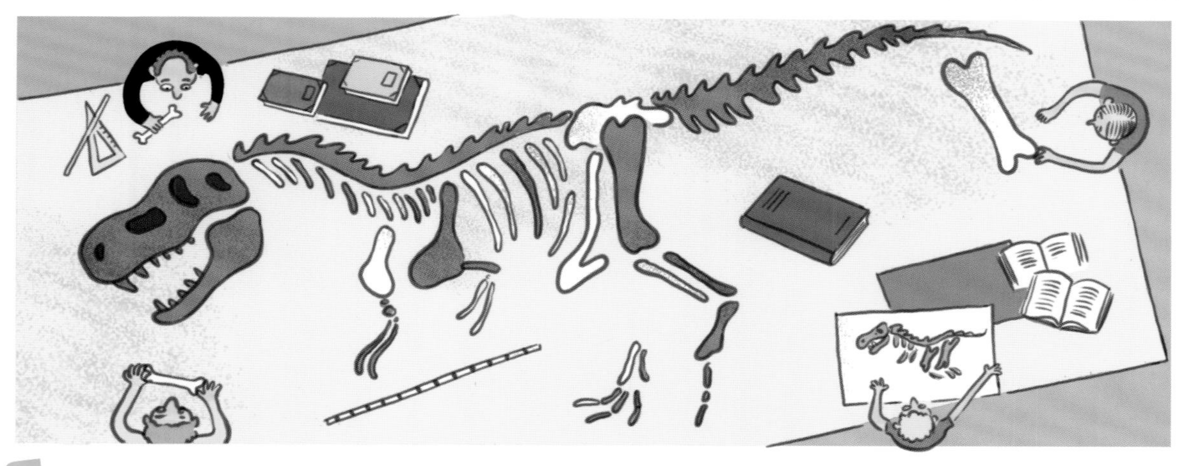

4 在实验室里，科学家们将挖掘出的骨头拼接起来，他们惊喜地发现：这是一头霸王龙的骨架，而且是迄今为止最完整的！它的牙齿有58颗。

5 不仅如此！研究人员们还发现：除了大霸王龙，化石里还有一只乌龟、一条鳄鱼与两头小霸王龙！

那么你呢?

你也想像古生物学家那样寻找化石、研究恐龙吗?

人们为这头霸王龙取名为“苏”，为了纪念它的发现者：苏·亨德里克森。这头霸王龙在悬崖里沉睡了数百万年。如果没有这位年轻的女科学家，它还将继续沉睡下去。它是雄性还是雌性，我们还无法回答。还有许多问题、许多藏在石头里的化石等待着我们去发现、去研究。

这样的霸王龙存在吗？

在许多故事里，霸王龙残暴凶狠，还会攻击人类，但现实生活中不是这样的！

存在小型霸王龙吗？

存在。雷克斯霸王龙有13米长，但在中国发现了体长2米的小型霸王龙化石。

存在吃原始人的霸王龙吗？

不存在。人类诞生时，恐龙已经灭绝很久了。原始人甚至根本不知道地球上曾经有过恐龙。

存在长着鲜艳羽毛的霸王龙吗？

存在。成年霸王龙身上没有，但科学家们认为霸王龙宝宝身上长有羽毛或绒毛，但我们不知道是什么颜色。

存在吃素的霸王龙吗？

不存在。所有霸王龙都是肉食性动物。

你可以模仿霸王龙吗？

这种巨兽前肢短小，所以许多动作都很难完成，甚至根本做不到。试着模仿一下吧！

快速转身。

对霸王龙来说很困难，因为它的身体实在太长了！拿一块和你身高一样的纸板再来试试。

简单吗？

手臂不动，站起身来。

对霸王龙来说不容易。为了不摔倒，它需要将大脑袋向后仰。试着不用手站起来。

简单吗？

把手指放进嘴巴里。

对霸王龙来说，这是不可能完成的任务！它的上肢太短了，就仿佛你的手长在胳膊肘哪儿！试着用嘴去碰你的胳膊肘。

简单吗？

超能力

霸王龙可以轻而易举地完成一些连世界冠军都做不到的事儿。

谁混入了这群恐龙中？

你找到4个外来者了吗？

答案：一条鳄鱼，一只乌龟，一条蛇，一只变色龙。

到这儿就结束了，
不过你可以从头再看一遍哦！